配网不停电作业
一线员工作业一本通

绝缘手套作业法带负荷更换跌落式熔断器（消弧开关法）

国网浙江省电力有限公司　组编

中国电力出版社
CHINA ELECTRIC POWER PRESS

内 容 提 要

本书主要介绍 10kV 配网不停电作业项目中的绝缘手套作业法带负荷更换跌落式熔断器（消弧开关法）和绝缘杆作业法带电接熔断器上引线两个作业方法，围绕现场作业篇、安全防护篇、施工质量篇三个方面，通过大量图片，对各作业项目的全套流程进行了讲解和演示，对生产实践具有很强的实用性。本分册为《绝缘手套作业法带负荷更换跌落式熔断器（消弧开关法）》分册。

本书可供配网不停电作业基层管理者和一线员工培训和自学使用。

图书在版编目（CIP）数据

绝缘手套作业法带负荷更换跌落式熔断器：消弧开关法 / 国网浙江省电力有限公司组编 . —北京：中国电力出版社，2022.5
（配网不停电作业一线员工作业一本通；1）
ISBN 978-7-5198-6502-3

Ⅰ.①绝… Ⅱ.①国… Ⅲ.①熔断器—设备更换—带电作业 Ⅳ.① TM563

中国版本图书馆 CIP 数据核字（2022）第 020161 号

出版发行：中国电力出版社	印　　刷：河北鑫彩博图印刷有限公司
地　　址：北京市东城区北京站西街 19 号	版　　次：2022 年 5 月第一版
邮政编码：100005	印　　次：2022 年 5 月北京第一次印刷
网　　址：http://www.cepp.sgcc.com.cn	开　　本：880 毫米 ×1230 毫米　横 32 开本
责任编辑：穆智勇	印　　张：7.875
责任校对：黄　蓓　王海南	字　　数：219 千字
装帧设计：赵丽媛	印　　数：0001—1000 册
责任印制：石　雷	定　　价：48.00 元（全二册）

前　言

为了不断提升 10kV 配网的供电可靠性，减少停电检修给用户带来的影响，10kV 配网不停电作业已逐渐成为配网的主要检修方式。目前，10kV 配网不停电作业包括绝缘手套作业法和绝缘杆作业法两种主要作业方法，其具有较高的作业安全性和便利性。其中，绝缘手套作业法带负荷更换跌落式熔断器、绝缘杆作业法接熔断器上引线是 10kV 配网不停电作业中难度系数较小的项目，也是复杂项目中应用较多的项目。

为进一步提高 10kV 配网不停电作业一线员工的技能水平和作业安全性，国网浙江省电力有限公司培训中心组织编写了讲解这两种作业法的《配网不停电作业一线员工作业一本通》，作为一线员工的培训教材。

在编写过程中，编写组按照作业项目的基本流程，在保证各环节规范要求的基础上，形成本书的文字内容。并根据文本内容，请一线专家实际演示，自编、自导、自演拍摄了大量的图片，对作业项目中杆上作业的主要危险点和施工质量进行预控说明和规范展示，对作业项目的具体操作起到规范作用。

　　本书分为《绝缘手套作业法带负荷更换跌落式熔断器（消弧开关法）》《绝缘杆作业法带电接熔断器上引线》两个分册，着重围绕现场作业篇、安全防护篇、施工质量篇等内容，对作业项目的基本流程、现场规范作业、现场安全行为、工艺质量等进行了讲解，具备很强的实用性。

　　本书的编写得到了杨晓翔、周兴、钱栋、周波、包益能等劳模专家的大力支持，在此谨向参与本书编写、研讨、审稿、业务指导的各位领导、专家和有关单位致以诚挚的感谢！

　　本书编者水平所限，疏漏之处在所难免，恳请各位领导、专家和读者提出宝贵意见！

本书编写组

2022 年 5 月

目录 / Contents

前言

作业线路装置概况

作业线路装置概况

- 作业项目：绝缘手套作业法带负荷更换跌落式熔断器（消弧开关法）
- 主线路装置：单回路直线分支杆，三角排列，架空绝缘导线，单回路水平排列；与主线路为 90° 分支
- 支接线路装置：单回路三角排列；与主线路为垂直排列；横担规格60mm × 60mm × 1700mm

● 绝缘手套作业法带负荷更换跌落式熔断器（消弧开关法）●

现场作业篇

一 作业现场勘察

（一）现场勘察组织

（1）带电作业应组织现场勘察。
（2）现场勘察由工作负责人、设备运维管理单位（用户单位）和检修（施工）单位相关人员参加。
（3）填写现场勘察记录。

勘察人员

填写勘察记录

（二）现场勘察要点一

检查线路电流是否符合作业用绝缘引流线的使用条件：核对线路单线图，预估作业点线路负荷电流。

查询线路电流数据表

使用钳形电流表测量线路电流

（三）现场勘察要点二

检查线路装置是否符合带电作业条件：

（1）电杆及埋深、基础、拉线等是否符合要求。

（2）跌落式熔断器桩头有无烧损情况。

检查电杆及埋深、基础、拉线等是否符合要求

检查跌落式熔断器桩头有无烧损情况

（3）跌落式熔断器引线与主导线连接处有无烧损。

（4）红外测温是否正常。

检查开关引线与主导线连接情况

检查红外测温是否正常

（四）现场勘察要点三

检查作业现场环境及其他影响作业的危险点：
（1）交叉跨越情况。
（2）车辆停放位置地面、道路管道情况，绝缘斗臂车车辆接地位置。
（3）作业点交通状况。
（4）作业点周围环境状况。

检查交叉跨越情况

车辆停放位置地面、道路管道情况，
检查绝缘斗臂车车辆接地位置

检查作业点交通状况

检查作业点绿化树木状况

（五）移交勘察记录

（1）现场勘察后，现场勘察记录应送交工作票签发人、工作负责人及相关各方，确定作业方式。

（2）现场勘察记录可作为填写、签发工作票和编制现场作业指导书的依据。

移交勘察记录

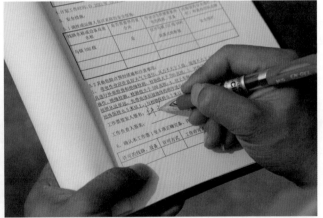

填写工作票

二 工器具准备

（一）本作业项目所需的作业装备

　　本作业项目所需的作业装备有绝缘斗臂车、消弧开关、绝缘分流线、跌落式熔断器。

绝缘斗臂车

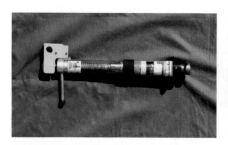

消弧开关

绝缘分流线

跌落式熔断器

（二）本作业项目所需的个人安全防护用具

本作业项目所需的个人安全防护用具有绝缘安全帽、绝缘披肩、绝缘手套、防刺穿手套、斗内安全带、护目镜等。

绝缘安全帽

绝缘披肩

绝缘手套

防穿刺手套

斗内安全带

护目镜

（三）本作业项目所需的绝缘遮蔽用具

本作业项目所需的绝缘遮蔽用具有导线遮蔽管、跳线管、绝缘毯、毯夹等。

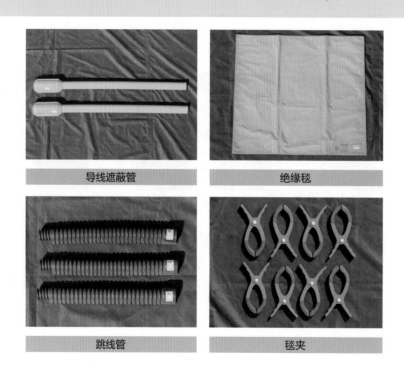

导线遮蔽管	绝缘毯
跳线管	毯夹

（四）本作业项目所需的绝缘工具

本作业项目所需的绝缘工具有绝缘绳、绝缘操作杆、绝缘锁杆。

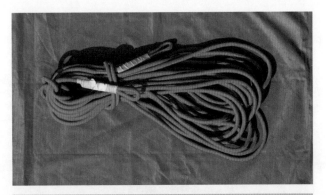

绝缘绳

绝缘操作杆

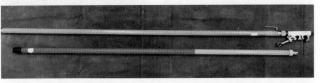

绝缘锁杆

（五）本作业项目所需的仪器仪表工具

　　本作业项目所需的仪器仪表工具有高压验电器、工频高压发生器、风速温湿度一体计、绝缘电阻测试仪、万用表、绝缘手套检测仪、钳形电流表。

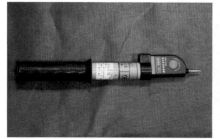

高压验电器

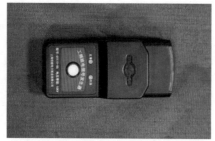

工频高压发生器

风速温湿度一体计

绝缘电阻测试仪

万用表

绝缘手套检测仪

钳形电流表

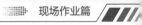

（六）本作业项目所需的其他工具

　　本作业项目所需的其他工具有电动扳手、遥控电动导线剥皮器、斗用工具箱、帆布工具袋、钢丝刷、铁榔头等。

电动扳手

遥控电动导线剥皮器

斗用工具箱

帆布工具袋

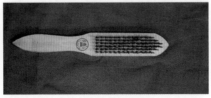

钢丝刷

铁榔头

（七）本作业项目所需的其他材料

本作业项目所需的其他材料有导电膏、3M 绝缘胶带、自粘胶带。

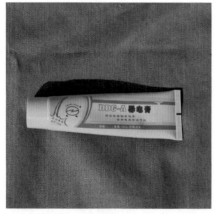

导电膏

3M 绝缘胶带

自粘胶带

三 现场作业流程

（一）现场复勘

（1）核对工作路线双重命名、杆号无误。

核对工作路线双重命名、杆号

（2）检查作业点周围环境是否符合作业要求。

工作负责人现场检查地面等环境

（3）检查线路装置应具备带电作业条件。

1）检查熔断器外观，如瓷柱裂纹严重有脱落危险，应考虑采取措施。如无法控制则不应进行该项工作，如接点烧损严重也不得进行此项工作。

2）作业电杆杆根、埋深、杆身质量应满足要求。

工作负责人现场检查柱上跌落式熔断器

工作负责人现场检查电杆埋深

工作负责人现场检查电杆杆身

跌落式熔断器接头烧损严重

（4）检查气象应符合带电作业要求。

1）现场作业前，须进行风速和湿度的测量。

2）风力不小于 5 级，或湿度不小于 80% 时，不宜进行带电作业。

3）若遇雷电、雪、雹、雨、雾等不良天气，禁止带电作业。

工作班人员测量风力、温度及湿度

检查气象条件应满足作业要求

（5）检查工作票和现场作业指导书。

现场检查工作票

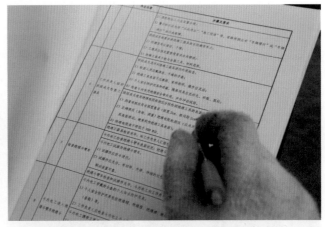

现场检查作业指导书安全措施

（二）工作许可

（1）本项目作业应停用线路重合闸。

（2）工作负责人应向值班调控人员履行许可手续，并申请停用线路重合闸。

（3）工作负责人在工作票上签字。

工作负责人手拿工作票与现场许可人履行许可手续

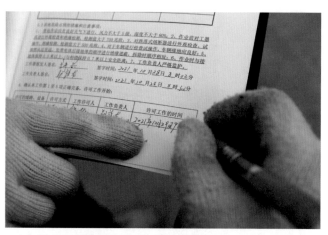

工作许可人在工作票上填写许可时间

（三）布置作业现场

（1）在通行道路上作业时应设置路牌，设置要求如下：

1）对有道路隔离带的，在道路前方 30~50m 处。

2）对无道路隔离带的，在道路前后方 30~50m 处。

路障设置太近

路牌设置标准

（2）装设围栏和标示牌。

1）城区、人口密集区或交通道口和通行道路上施工时，工作场所周围应装设遮栏（围栏）。

2）在相应部位装设"在此工作""从此进出"标示牌。

3）必要时，派人看管。

工作班人员现场设围栏

工作班人员现场悬挂"在此工作""由此进出"标示牌

（3）现场围栏的设置范围应考虑如下因素：

1）绝缘斗臂车及吊车的停放和专用接地线的设置。

2）工作中绝缘臂的旋转范围和绝缘斗挑出的范围。

3）防潮毯（垫）和工器具现场摆放等。

现场围栏设置完成

（4）绝缘斗臂车的现场停放要求如下：

1）应选择适当的工作位置，支撑应稳固可靠。

2）应避免停放在沟道盖板上。

3）软土地面应使用垫块或枕木，垫放时垫板重叠不超过2块，且呈45°交叉放置。

4）停放位置如为坡地，停放位置坡度应不大于7°，绝缘斗臂车车头应朝下坡方向停放。

3块垫板

支腿垫放2块垫板且呈45°交叉放置

（5）绝缘斗臂车接地要求如下：

1）绝缘斗臂车的车体应使用不小于 $16mm^2$ 的软铜线良好接地。

2）临时接地体埋深应不少于 0.6m。

车辆接地体埋深不足 0.6m

车辆接地体埋深到位

（6）工器具的摆放要求：作业现场应将使用的带电作业工具分类整理摆放在防潮的帆布或绝缘垫上，以防脏污和受潮。

现场工器具摆放合理

（四）现场站班会

（1）确认工作班成员身体状况和精神状态良好。

（2）检查工作班成员的着装等是否符合要求。

（3）向工作班成员交代工作内容、人员分工、现场安全措施和技术措施。

（4）工作班成员履行签名确认手续。

现场站班会

工作班成员履行签名确认手续

（五）检测工器具和设备

（1）对工器具进行擦拭和外观检查。

1）用清洁干燥的布对绝缘工器具进行擦拭。

2）检查绝缘工具表面无磨损、变形损坏，操作应灵活。

3）检查绝缘防护用具和遮蔽、隔离用具无针孔、砂眼、裂纹。

4）检查手工工具操作灵活。

5）绝缘手套在使用前要压入空气，检查有无针孔缺陷。

6）高压验电器自检正常，并用工频高压发生器检查确认良好。

擦拭绝缘操作杆

检查绝缘杆外观及试验周期

检查绝缘手套有无漏气

使用工频发生器检查验电器

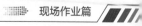

（2）检测绝缘工具的绝缘电阻。

1）使用 2500V 及以上的绝缘电阻检测仪。

2）检测电极要求：极宽 2cm，极间距 2cm。

3）绝缘电阻值不得低于 700 MΩ。

4）需检测的绝缘工具有高压验电器、绝缘吊绳、绝缘绳套、绝缘操作棒。

绝缘电阻表自检

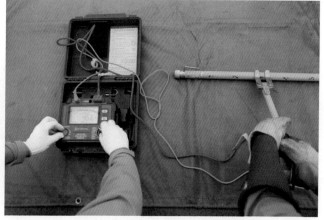

使用绝缘电阻表检测绝缘操作杆绝缘电阻

（3）检查绝缘斗臂车。

1）斗内电工检查绝缘斗臂车表面状况：绝缘斗、绝缘臂应清洁，无裂纹、损伤。

2）操作人员应在斗臂车下方操作位置空斗试操作一次。

3）确认液压传动、回转、升降、伸缩系统工作正常、操作灵活，制动装置可靠。

对绝缘斗臂车进行空斗试操作

作业人员检查并擦拭绝缘臂

（4）检测跌落式熔断器。班组成员检测3只新跌落式熔断器：

1）对（新）跌落式熔断器进行表面清洁和检查，内容包括：①绝缘子各部分零件完整；②瓷件表面光滑，无麻点、裂痕等现象；③转轴光滑灵活，铸件不应有裂纹、砂眼、锈蚀。

2）安装熔管进行试拉合，合闸机构应良好。

3）用绝缘电阻检测仪检测跌落式熔断器上下接线柱与中间安装连板之间的绝缘电阻，不应低于500MΩ。

4）检测完毕，向工作负责人汇报检测结果。

手指检查跌落式熔断器表面

测量跌落式熔断器绝缘电阻

（5）检查消弧开关。

1）检查上下接头金属部分是否光滑，有无皱纹或开裂等。

2）检查消弧开关本体分、合闸是否到位。

3）检查消弧开关分闸状态闭锁是否可靠。

4）对开关进行一次试操作（分、合），应操作灵活。

对消弧开关进行绝缘电阻测试。应注意：

1）应使用 2500V 或 5000V 绝缘电阻测试仪测量绝缘电阻，绝缘电阻值应不小于 1000MΩ。

2）测量绝缘电阻前，应将消弧开关分闸。

消弧开关内部接头合闸不到位

检测或放电时未戴绝缘手套

消弧开关内部接头合闸到位

消弧开关内部接头分闸到位

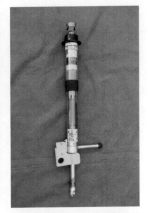

消弧开关分闸闭锁到位

检查消弧开关绝缘电阻

绝缘电阻检测合格

（6）检查旁路引下电缆。班组成员清洁、检查绝缘分流线：

1）清洁绝缘分流线接线夹接触面的氧化物。

2）检查绝缘分流线的额定荷载电流并对照线路负荷电流（可根据现场勘查或运行资料获得），分流线的额定荷载电流应大于等于1.2倍的线路负荷电流。

3）绝缘分流线表面绝缘应无明显磨损或破损现象。

4）绝缘分流线接线夹应操作灵活。

检查绝缘分流线表面

检查绝缘分流线接线夹

（7）汇报检测结果。

1）工器具检测完毕后，应向工作负责人汇报检查结果。

2）对现场检测不合格的工器具不得在带电作业中使用。

向负责人汇报工器具检查结果

（六）作业准备

（1）将工器具搬移至绝缘斗内，应注意：

1）绝缘毯应用毯夹进行固定。

2）小件工器具宜放在专用的工具袋（箱）内。

3）绝缘工器具不得放在绝缘斗的底面上，以防止人员踩踏。

工具乱放

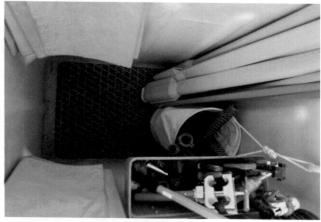

工具入斗

（2）穿戴个人绝缘防护用具。

1）作业人员应在地面穿戴好绝缘安全带并进行冲击试验，试验合格后再穿戴绝缘安全帽、绝缘服（绝缘披肩）、绝缘手套及防刺穿手套等个人绝缘防护用具。

2）穿戴完毕后，由工作负责人进行检查。

保险带冲击试验

斗内人员先在地面穿戴齐全

工作负责人检查斗内人员的穿戴

（3）进入工作斗。进入绝缘斗内，应首先系好安全带。

斗内人员进入工作斗系好安全带

四 杆上作业

（一）验电

1号电工在工作负责人的监护下，使用高压验电器进行验电，确认装置无漏电等绝缘不良现象。应注意：

（1）验电前，高压验电器应进行自检合格。

（2）每相验电的顺序为：跌落式熔断器下桩头、跌落式熔断器固定处横担、跌落式熔断器上桩头。

（3）验电时，作业电工应与邻近的构件、导体保持足够的距离（不小于0.4m），高压验电器的绝缘柄的有效绝缘长度不小于0.7m。

（4）如横担等接地构件有电，不应继续进行本项目。

验电时未使用绝缘手套

作业时未戴护目镜

先验跌落式熔断器下桩头

验跌落式熔断器固定处横担

验跌落式熔断器上桩头

（二）测量负荷电流

1号电工用高压钳形电流表检测分支线负荷电流，确认满足消弧开关及绝缘分流线的负载能力。如不满足要求，应终止本项作业。应注意：

（1）使用高压钳形电流表时，应先选择最大量程，按照实际负荷电流情况逐级向下一级量程切换并读取数据。

（2）检测电流时，与相邻的异电位导体或构件保持足够的安全距离（相对地不小于0.4m，相间不小于0.6m）。

（3）记录线路三相负荷电流数值：A相　A；B相　A；C相　A。

测流时位置不当（检测远边相电流时，位置在近边相引线侧）

电工测线路电流

43

（三）设置支线绝缘遮蔽措施

获得工作负责人的许可后，2号电工转移绝缘斗到达内边相支线导线外侧合适工作位置，1号电工按照"由近及远、从下到上、先大后小"的原则进行绝缘遮蔽隔离。三相遮蔽顺序依次为内边相、外边相、中相。应注意：

（1）每相遮蔽的部位和顺序依次为主导线、下引线、耐张线夹、耐张绝缘子。

（2）作业电工在对带电体设置绝缘遮蔽措施时，动作应轻缓，与横担等地电位构件间应有足够的安全距离（不小于0.4m），与邻相导线之间应有足够的安全距离（不小于0.6m）。

（3）设置绝缘遮蔽措施时，不应同时设置不同电位导体或构件上的绝缘遮蔽用具。

（4）绝缘遮蔽隔离措施应严密、牢固，绝缘遮蔽组合的重叠距离不得小于15cm。

（5）换相及转移作业位置时要得到工作负责人同意。

1m线未伸出

遮蔽绝缘子时停位不当（人体与绝缘子平行）

遮蔽顺序不当（导线和线夹）

设置支线导线绝缘遮蔽措施

设置下引线绝缘遮蔽措施

设置耐张线夹绝缘遮蔽措施

设置耐张绝缘子绝缘遮蔽措施

内边相遮蔽完毕

外边相遮蔽完毕

中相遮蔽完毕

（四）设置内边相跌落式熔断器及主导线绝缘遮蔽措施

　　获得工作负责人的许可后，2号电工转移绝缘斗到达内边相跌落式熔断器侧合适工作位置，1号电工按照"由近及远、从下到上、先大后小"的原则对内边相熔断器及主导线进行绝缘遮蔽隔离。应注意：

（1）遮蔽的部位和顺序依次为上引线、跌落式熔断器、内边相柱式绝缘子两侧主导线、内边相柱式绝缘子。

（2）作业电工在对带电体设置绝缘遮蔽措施时，动作应轻缓，与横担等地电位构件间应有足够的安全距离（不小于0.4m），与邻相导线之间应有足够的安全距离（不小于0.6m）。

（3）设置绝缘遮蔽措施时，不应同时设置不同电位导体或构件上的绝缘遮蔽用具。

（4）绝缘遮蔽隔离措施应严密、牢固，绝缘遮蔽组合的重叠距离不得小于15cm。

（5）转移作业位置时要得到工作负责人同意。

作业中两只手同时接触不同电位

遮蔽引线时站位偏低

① 斗内人员设置上引线绝缘遮蔽措施

② 设置跌落式熔断器绝缘遮蔽措施

③ 设置主导线绝缘遮蔽措施

④ 设置柱式绝缘子绝缘遮蔽措施

（五）设置外边相跌落式熔断器及主导线绝缘遮蔽措施

　　获得工作负责人的许可后，2号电工转移绝缘斗到达外边相跌落式熔断器侧合适工作位置，1号电工按照"由近及远、从下到上、先大后小"的原则对外边相熔断器及主导线进行绝缘遮蔽隔离。应注意：

　　（1）遮蔽的部位和顺序依次为上引线、跌落式熔断器、外边相双熔断器侧主导线。

　　（2）作业电工在对带电体设置绝缘遮蔽措施时，动作应轻缓，与横担等地电位构件间应有足够的安全距离（不小于0.4m），与邻相导线之间应有足够的安全距离（不小于0.6m）。

　　（3）设置绝缘遮蔽措施时，不应同时设置不同电位导体或构件上的绝缘遮蔽用具。

　　（4）绝缘遮蔽隔离措施应严密、牢固，绝缘遮蔽组合的重叠距离不得小于15cm。

　　（5）转移作业位置时要得到工作负责人同意。

设置外边相上引线绝缘遮蔽措施

设置外边相跌落式熔断器绝缘遮蔽措施

设置外边相主导线绝缘遮蔽措施

（六）设置中相跌落式熔断器绝缘遮蔽措施

获得工作负责人的许可后，2号电工转移绝缘斗到达中相跌落式熔断器侧合适工作位置，1号电工按照"由近及远、从下到上、先大后小"的原则对中相熔断器及上引线进行绝缘遮蔽隔离。应注意：

（1）遮蔽的部位和顺序依次为上引线、跌落式熔断器。

（2）作业电工在对带电体设置绝缘遮蔽措施时，动作应轻缓，与横担等地电位构件间应有足够的安全距离（不小于0.4m），与邻相导线之间应有足够的安全距离（不小于0.6m）。

（3）设置绝缘遮蔽措施时，不应同时设置不同电位导体或构件上的绝缘遮蔽用具。

（4）绝缘遮蔽隔离措施应严密、牢固，绝缘遮蔽组合的重叠距离不得小于15cm。

（5）转移作业位置时要得到工作负责人同意。

设置中相跌落式熔断器绝缘遮蔽措施

（七）设置支线横担及电杆绝缘遮蔽措施

获得工作负责人的许可后，2号电工转移绝缘斗到达支线横担合适工作位置，1号电工对支线横担及横担处电杆进行绝缘遮蔽隔离。应注意：

（1）作业电工在对带电体设置绝缘遮蔽措施时，动作应轻缓，与横担等地电位构件间应有足够的安全距离（不小于0.4m），与邻相导线之间应有足够的安全距离（不小于0.6m）。

（2）设置绝缘遮蔽措施时，不应同时设置不同电位导体或构件上的绝缘遮蔽用具。

（3）绝缘遮蔽隔离措施应严密、牢固，绝缘遮蔽组合的重叠距离不得小于15cm。

（4）转移作业位置时要得到工作负责人同意。

遮蔽完成后的全景

（八）安装中间相消弧开关及绝缘分流线

　　获得工作负责人的许可后，2号斗内电工调整绝缘斗至中相主导线外侧合适工作位置。1号电工安装中间相消弧开关及引流线。安装流程如下：

（1）清除主导线搭接绝缘分流线部位的绝缘层及氧化层。

（2）将已断开并闭锁的消弧开关安装在中相导线上。

（3）将绝缘分流线的一端安装在消弧开关下接线柱上。

（4）转移工作斗至中相分支线下方合适位置，打开导线搭接绝缘分流线部位的绝缘遮蔽隔离措施。

（5）清除分支线导线搭接绝缘分流线部位的绝缘层及氧化层。

（6）将绝缘分流线的另一端安装在分支线上。

去除主导线绝缘层

清除主导线氧化层

安装消弧开关

安装绝缘分流线

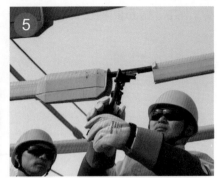
去除分支线导线绝缘层

清除分支线导线氧化层

安装另一端绝缘分流线

完成后全景

（九）检查回路上下连接相位

在获得工作负责人的许可后，1号电工检查回路上下连接相位一致，并由工作负责人核对确认正确。

核对相位

（十）合上消弧开关

在获得工作负责人的许可后，1号电工用绝缘操作杆解锁消弧开关，合上消弧开关，闭锁消弧开关。应注意：

（1）绝缘操作杆应垂直操作。

（2）消弧开关应合闸到位。

解锁消弧开关

合上消弧开关

闭锁消弧开关

消弧开关合闸不到位

（十一）检测分流情况

　　在获得工作负责人的许可后，2号电工转移绝缘斗到达中相支线T接部位下方合适工作位置，1号电工用高压钳形电流表测量消弧开关回路电流，确认分流正常。应注意：

（1）每相测试不少于2个点。

（2）支路电流不小于总电流的1/4~3/4。

测支线T接外部位电流

测绝缘引流线电流

测支线T接内部位电流

（十二）拉开中相跌落式熔断器

在获得工作负责人的许可后，2号电工转移绝缘斗到达中相跌落式熔断器侧合适工作位置，1号电工打开跌落式熔断器上的绝缘遮蔽措施，用绝缘操作杆拉开中相跌落式熔断器并取下熔管，恢复跌落式熔断器上下桩头绝缘遮蔽措施。

打开跌落式熔断器上的绝缘遮蔽措施

用绝缘操作杆拉开跌落式熔断器

恢复跌落式熔断器上下桩头绝缘遮蔽措施

严禁徒手操作拉开跌落式熔断器

（十三）带电断中相跌落式熔断器上引线与主导线连接

在获得工作负责人的许可后，2号电工转移绝缘斗到达中相跌落式熔断器上引线搭接处合适工作位置，1号电工利用锁杆带电断开中相跌落式熔断器上引线与主导线连接。具体步骤如下：

（1）去除线夹部位的绝缘防水罩保护层。

（2）引线拆除前，先用锁杆锁住引线与主导线。

（3）拆除并沟线夹。

（4）松开锁杆将上引线从主导线上断开。

（5）取下引线上的跳线遮蔽管，并圈好至上桩头上固定。

拆除绝缘保护层

安装绝缘锁杆

人体串入

拆除线夹

用锁杆断开上引线

圈好引线固定在上桩头上

（十四）带电断开中相跌落式熔断器下桩引线

在获得工作负责人的许可后，2号电工转移绝缘斗到达中相跌落式熔断器下桩合适工作位置，1号电工带电断开中相跌落式熔断器下桩引线。具体步骤如下：

（1）在支线横担合适位置上挂好绝缘绳。

（2）打开跌落式熔断器下桩部位绝缘遮蔽措施。

（3）拆除跌落式熔断器下桩引线。

（4）将下引线固定在绝缘绳上。

（5）恢复下引线端部绝缘遮蔽措施。

挂绝缘绳

打开绝缘遮蔽措施

拆除下桩引线

下引线临时固定于绝缘绳上

遮蔽下引线端部

（十五）更换中相跌落式熔断器

在获得工作负责人的许可后，2号电工转移绝缘斗到达中相跌落式熔断器合适工作位置，1号电工更换中相跌落式熔断器下桩引线，并进行试拉合。（新）跌落式熔断器的安装工艺质量应满足施工验收规范的要求：

（1）安装牢固、排列整齐，无歪斜现象。

（2）熔断器水平相间距离不小于500mm。

（3）跌落式熔断器熔管轴线与地面的垂线夹角为15°~30°。

（4）新跌落式熔断器的绝缘子不应有破损现象。

（5）操作时灵活可靠、接触紧密。合熔丝管时上触头应有一定的压缩行程。

应注意：

（1）拆跌落式熔断器之前应用绝缘传递绳将其捆好，新跌落式熔断器安装后才可解开绝缘传递绳。

（2）跌落式熔断器不得直接放在绝缘斗内，上下传递跌落式熔断器时，应控制平稳，不得与绝缘斗和装置碰撞。

（3）跌落式熔断器试拉合后，应取下熔管。

（4）不得有高空落物现象。

绑好绝缘绳后，拆螺栓

更换好跌落式熔断器后进行试拉合

（十六）带电接中相跌落式熔断器下桩引线

在获得工作负责人的许可后，2号电工转移绝缘斗到达中相跌落式熔断器下桩合适工作位置，1号电工带电接中相跌落式熔断器下桩引线。具体步骤如下：

（1）打开下引线端部绝缘遮蔽措施。

（2）解开固定在绝缘绳上的下引线。

（3）安装跌落式熔断器下桩引线。

（4）恢复跌落式熔断器下桩部位绝缘遮蔽措施。

（5）拆除支线横担上的绝缘绳。

打开下引线端部遮蔽

解开固定于绝缘绳上的下引线

安装下桩引线

恢复下桩部位绝缘遮蔽措施

拆除横担上的绝缘绳

（十七）带电接中相跌落式熔断器上引线与主导线连接

在获得工作负责人的许可后，2号电工转移绝缘斗到达中相跌落式熔断器上引线搭接处合适工作位置，1号电工带电接中相跌落式熔断器上引线与主导线连接。具体步骤如下：

（1）清除主导线氧化层。

（2）涂抹导电脂。

（3）解开上引线，并在上引线上安装跳线管。

（4）利用锁杆将上引线挂接至主导线。

（5）安装并沟线夹。

（6）拆除绝缘锁杆。

（7）安装绝缘防水保护层。

（8）拆除支线横担上绝缘绳。

清除主导线氧化层

涂抹导电脂

解开上引线，安装跳线管

④

用锁杆将上引线挂接至主导线

⑤

安装并沟线夹

⑥

拆除绝缘锁杆

⑦

安装绝缘防水保护层

（十八）合上中相跌落式熔断器

在获得工作负责人的许可后，2号电工转移绝缘斗到达中相跌落式熔断器侧合适工作位置，1号电工拆除跌落式熔断器上、下桩头绝缘的遮蔽措施，用绝缘操作杆挂上熔管并合上中相跌落式熔断器，恢复中相跌落式熔断器上的绝缘遮蔽措施。

拆除跌落式熔断器上、下桩头的绝缘遮蔽措施

用绝缘操作杆合上跌落式熔断器

恢复跌落式熔断器上的绝缘遮蔽措施

绝缘杆有效绝缘长度不足 0.7m

（十九）检测分流情况

在获得工作负责人的许可后，2号电工转移绝缘斗到达中相支线T接部位下方合适工作位置，1号电工用高压钳形电流表测量消弧开关回路电流，确认分流正常。应注意：

（1）每相测试不少于2个点。

（2）支路电流不小于总电流的1/4~3/4。

测支线T接部位外部电流

测量绝缘引流线电流

（二十）拉开消弧开关

在获得工作负责人的许可后，2号电工转移绝缘斗到达消弧开关下方合适工作位置，1号电工用绝缘操作杆解锁消弧开关，拉开消弧开关，闭锁消弧开关。应注意：

（1）绝缘操作杆应垂直操作。

（2）消弧开关应分闸到位。

解锁消弧开关

拉开消弧开关

闭锁消弧开关

（二十一）检测分流情况

在获得工作负责人许可后，1号电工用高压钳形电流表测量绝缘分流线电流，确认无电流。

测量绝缘分流线电流

（二十二）拆除中间相消弧开关及绝缘分流线

获得工作负责人的许可后，2号斗内电工调整绝缘斗至中相分支线安装绝缘分流线下方合适工作位置。1号电工拆除绝缘分流线及消弧开关。拆除流程如下：

（1）拆除安装在分支线上的绝缘分流线。

（2）安装分支线导线搭接绝缘分流线部位的绝缘防水保护层。

（3）恢复分支线绝缘遮蔽措施。

（4）转移工作斗至消弧开关处合适位置，拆除接绝缘分流线的另一端。

（5）拆除消弧开关。

（6）安装主导线搭接绝缘分流线部位的绝缘防水保护层。

应注意：拆下后的消弧开关应及时复位。

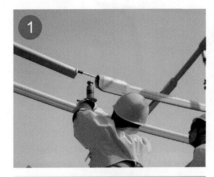

拆除绝缘分流线

安装绝缘防水保护层

恢复绝缘遮蔽措施

拆除绝缘分流线另一端

拆除消弧开关

安装绝缘防水保护层

拆下后及时将消弧开关复位

（二十三）完成其他两相跌落式熔断器的更换

按与中相相同方法完成其他两相跌落式熔断器的更换。

跌落式熔断器更换完成

（二十四）拆除支线横担及电杆绝缘遮蔽措施

获得工作负责人的许可后，2号电工转移绝缘斗到达支线横担合适工作位置，1号电工拆除支线横担及横担处电杆进行绝缘遮蔽隔离。应注意：

（1）作业电工在拆除绝缘遮蔽措施时，动作应轻缓，与横担等地电位构件间应有足够的安全距离（不小于0.4m），与邻相导线之间应有足够的安全距离（不小于0.6m）。

（2）拆除绝缘遮蔽措施时，不应同时拆除不同电位导体或构件上的绝缘遮蔽用具。

（3）转移作业位置时要得到工作负责人同意。

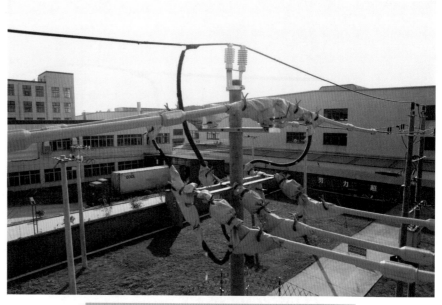

拆除横担遮蔽

（二十五）拆除中相跌落式熔断器绝缘遮蔽措施

获得工作负责人的许可后，2号电工转移绝缘斗到达中相跌落式熔断器侧合适工作位置，1号电工拆除中相熔断器及上引线绝缘遮蔽措施。应注意：

（1）拆除绝缘遮蔽措施顺序依次为跌落式熔断器、上引线。

（2）作业电工在拆除绝缘遮蔽措施时，动作应轻缓，与横担等地电位构件间应有足够的安全距离（不小于0.4m），与邻相导线之间应有足够的安全距离（不小于0.6m）。

（3）拆除绝缘遮蔽措施时，不应同时拆除不同电位导体或构件上的绝缘遮蔽用具。

（4）转移作业位置时要得到工作负责人同意。

拆除中相跌落式熔断器绝缘遮蔽措施

拆除中相上引线绝缘遮蔽措施

（二十六）拆除外边相跌落式熔断器及主导线绝缘遮蔽措施

获得工作负责人的许可后，2号电工转移绝缘斗到达外边相跌落式熔断器侧合适工作位置，1号电工拆除外边相熔断器及上引线绝缘遮蔽措施。应注意：

（1）拆除遮蔽措施顺序依次为外边相主导线、跌落式熔断器、上引线。

（2）作业电工在拆除绝缘遮蔽措施时，动作应轻缓，与横担等地电位构件间应有足够的安全距离（不小于0.4m），与邻相导线之间应有足够的安全距离（不小于0.6m）。

（3）拆除绝缘遮蔽措施时，不应同时拆除不同电位导体或构件上的绝缘遮蔽用具。

（4）转移作业位置时要得到工作负责人同意。

拆除外边相主导线绝缘遮蔽措施

拆除外边相跌落式熔断器绝缘遮蔽措施

拆除外边相上引线绝缘遮蔽措施

（二十七）拆除内边相跌落式熔断器及主导线绝缘遮蔽措施

获得工作负责人的许可后，2号电工转移绝缘斗到达内边相跌落式熔断器侧合适工作位置，1号电工拆除内边相熔断器及主导线绝缘遮蔽隔离。应注意：

（1）拆除绝缘遮蔽措施顺序依次为内边相柱式绝缘子、内边相柱式绝缘子两侧主导线、跌落式熔断器、上引线。

（2）作业电工在拆除绝缘遮蔽措施时，动作应轻缓，与横担等地电位构件间应有足够的安全距离（不小于0.4m），与邻相导线之间应有足够的安全距离（不小于0.6m）。

（3）拆除绝缘遮蔽措施时，不应同时拆除不同电位导体或构件上的绝缘遮蔽用具。

（4）转移作业位置时要得到工作负责人同意。

拆除内边相柱式绝缘子绝缘遮蔽措施

拆除内边相主导线绝缘遮蔽措施

拆除内边相跌落式熔断器绝缘遮蔽措施

拆除内边相上引线绝缘遮蔽措施

（二十八）拆除支线绝缘遮蔽措施

获得工作负责人的许可后，2号电工转移绝缘斗到达中相支线导线下方侧合适工作位置，1号电工拆除绝缘遮蔽隔离。三相遮蔽隔离拆除顺序依次为中相、外边相、内边相。应注意：

（1）每相拆除遮蔽顺序依次为耐张绝缘子、耐张线夹、下引线、主导线。

（2）作业电工在拆除绝缘遮蔽措施时，动作应轻缓，与横担等地电位构件间应有足够的安全距离（不小于0.4m），与邻相导线之间应有足够的安全距离（不小于0.6m）。

（3）拆除绝缘遮蔽措施时，不应同时拆除不同电位导体或构件上的绝缘遮蔽用具。

（4）转移作业位置时要得到工作负责人同意。

拆除中相支线耐张绝缘子绝缘遮蔽措施

拆除中相支线耐张线夹绝缘遮蔽措施

拆除中相支线下引线绝缘遮蔽措施

拆除中相支线导线绝缘遮蔽措施

中相拆除遮蔽措施完毕

外边相拆除遮蔽措施完毕

内边相拆除遮蔽措施完毕

（二十九）工作验收和人员撤离

作业完成后，作业人员应检查工作地段的状况，确认杆上无遗留物。经工作负责人许可后离开作业区域。斗内作业人员落地后，方能摘除绝缘防护用具。

绝缘斗远离电杆并检查验收

绝缘斗到达地面

五 工作结束

（一）召开现场收工会

工作负责人组织召开现场收工会。对本次工作的施工质量、安全措施落实情况、规程执行情况进行总结和点评。

现场收工会

（二）办理工作终结手续

工作负责人向工作许可人申请办理工作终结手续，并通过工作许可人验收合格后方可终结工作。

工作负责人当面汇报

（三）整理工器具和清理场地

工作负责人组织工作班成员整理工具、材料，将工器具清洁后放入专用的箱（袋）中并清理现场，做完工完料尽场地清。

整理工器具装箱

清理场地

● 绝缘手套作业法带负荷更换跌落式熔断器（消弧开关法）●

安全防护篇

（1）绝缘斗臂车的支撑应稳固可靠，机身倾斜不得超过制造厂的规定，应有防倾覆措施，防止斗臂车倾倒。

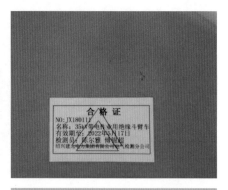

斗臂车支腿支撑在沟、井边上

斗臂车停放位置与沟、井距离
（标准距离大于 1.2 倍沟深）

斗臂车在试验周期内

（2）进入绝缘斗应系好安全带，防止作业时人体重心偏移引起高空坠落。

斗内人员进入工作斗系安全带

（3）斗内应铺设防滑绝缘垫，防止脚下打滑。

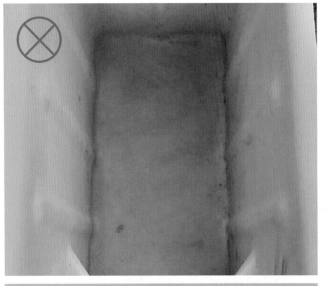

无防滑垫

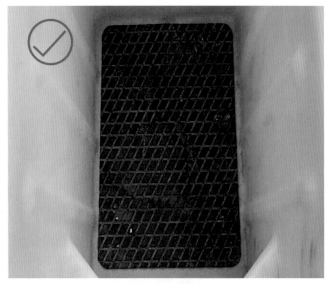

有防滑垫

（4）作业人员和工器具的总重量应不大于绝缘斗的额定载荷，防止绝缘斗臂车工作斗超载。

 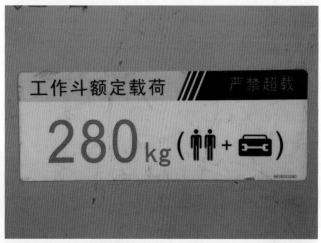

人员、工具入斗后总重量不应大于工作斗核定载荷

（二）防物体打击

（1）检查电杆杆深、基础等应符合要求，防止倒杆。

工作负责人检查杆深

工作负责人检查电杆埋深

（2）作业人员应将斗内工器具加以固定，防止引起高空落物。

工具未固定

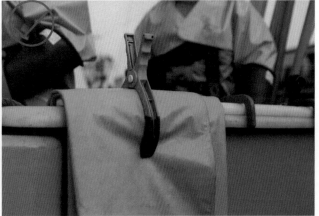

工具已固定

（3）上下传递工具、材料应使用绝缘绳索，严禁抛掷。

上下抛掷工具

使用绝缘绳上下传递工器具

（4）作业时，地面人员禁止站在绝缘斗臂车的工作臂、绝缘斗的下方。

地面人员站在绝缘斗臂车的工作臂、绝缘斗的下方

地面人员站在绝缘斗臂车的工作臂、绝缘斗区域外

（5）作业时，地面人员禁止站在作业落物区的范围内。

地面人员站在起吊跌落式熔断器的下方

地面人员站在起吊跌落式熔断器外围

（6）绝缘遮蔽用具使用时应固定牢固，防止发生高空落物。

未使用的绝缘遮蔽用具未固定牢固

未使用的绝缘遮蔽用具已固定牢固

（7）绝缘斗臂车操作时，应注意观察周围，绝缘斗的起升、下降速度应不大于0.5m/s，斗臂车回转时，作业斗外缘的线速度应不大于0.5m/s，防止绝缘斗及人员与周围物体发生碰撞。

操作斗臂车注意观察周围

（8）在挂设旁路引下电缆时，应注意绑扎牢固，防止电缆脱落。

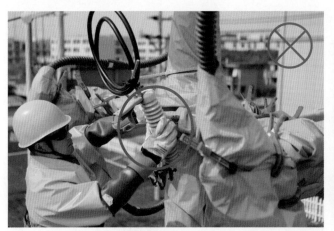

上下传递绑扎不牢固

上下传递绑扎牢固

三 防电弧及触电伤害

（1）作业人员双手应始终接触同一电位，严禁一手握导线、一手握旁路引下电缆或引线，防止发生人体串接情况。

一手握导线、一手握绝缘分流线

双手握绝缘分流线，挂至主导线

（2）合上消弧开关前，应检查相位正确，防止造成相间短路。

工作负责人手指消弧开关

（3）消弧开关回路投运后，应检测确认回路分流正常，防止带负荷拉跌落式熔断器造成停电。

检测确认回路分流正常

（4）新跌落式熔断器投运后，应检测确认新跌落式熔断器分流正常，防止带负荷拉消弧开关造成停电。

检测分流情况

（5）斗内作业人员应按要求穿戴个人防护用具，禁止带电作业过程中摘下绝缘防护用具。

摘下防护用具

未摘下防护用具

（6）作业前，应验明横担、支架确认无漏电，防止更换绝缘失效的设备。

支架验电

（7）作业时人体应与邻近的构件、导体保持 0.4m 以上，与邻相保持 0.6m 以上的安全距离。

作业时人体应与邻近的构件、导体保持 0.4m 以上，与邻相保持 0.6m 以上的安全距离

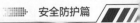

（8）绝缘遮蔽隔离措施应严密、牢固，绝缘遮蔽组合的重叠距离不得小于15cm。

绝缘遮蔽隔离措施应严密、牢固，绝缘遮蔽组合的重叠距离不得小于15cm

（9）作业时绝缘承力工具和绝缘绳索的有效绝缘长度不得小于 0.4m。

绝缘承力工具和绝缘绳索的有效绝缘长度不得小于 0.4m

（10）作业时绝缘臂的有效绝缘长度应不小于1m。

绝缘臂的有效绝缘长度应不小于1m

（11）绝缘斗臂车的金属部分在仰起、回转运动中，与带电体间的安全距离不得小于 0.9m。

绝缘斗臂车的金属部分与带电体间的安全距离不得小于 0.9m

（12）绝缘斗臂车应可靠接地，防止地面人员发生接触电压触电。

地面人员安装斗臂车接地

（13）绝缘斗上双人带电作业，禁止同时在不同相或不同电位作业，并应同时注意保持与其他电位物体间的安全距离。

双人不同电位下作业

双人同一电位下作业

（14）绝缘斗臂车应可靠接地，防止地面人员发生接触电压触电。

绝缘斗臂车可靠接地

● 绝缘手套作业法带负荷更换跌落式熔断器（消弧开关法）●

施工质量篇

一 主导线及引线

（1）跌落式熔断器引线弧度匀称，引线与地电位构件的距离应不小于20cm，相间不小于30cm。

引线与地电位构件的距离

（2）每相引线的线夹不少于 2 个，引线穿出线夹的长度为 2~3cm，线夹之间应留出一个线夹的宽度。

引线线夹的使用

（3）跌落式熔断器上下桩头连接处、引线与主导线连接处都应清除氧化层、涂抹导电脂，连接应牢固、可靠。

清除连接处氧化层

涂抹导电脂

（4）绝缘分流线及消弧开关拆除后，应及时恢复主导线绝缘。

及时恢复主导线绝缘

二 跌落式熔断器

（1）跌落式熔断器表面无裂纹、无破损。

跌落式熔断器

（2）跌落式熔断器安装牢固（且垫片齐全），无明显扭斜现象。

跌落式熔断器安装倾斜

跌落式熔断器安装正确

（3）跌落式熔断器操作灵活，无卡死现象。

试操作跌落式熔断器

三 消弧开关回路质量工艺要求

（1）消弧开关与绝缘分流线连接前应分闸闭锁。

消弧开关合闸状态

消弧开关分闸闭锁状态

（2）测量分流正常后，拆绝缘分流线时应先断开消弧开关并闭锁。

消弧开关合闸状态

消弧开关分闸闭锁状态

（3）消弧开关应合闸到位。

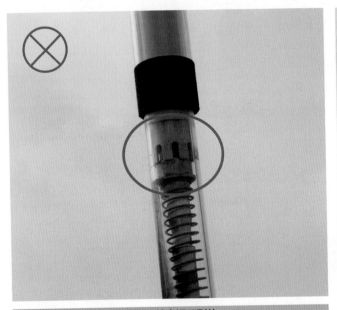

消弧开关合闸不到位

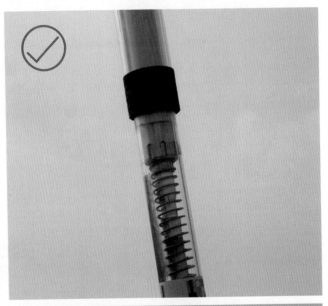

消弧开关合闸到位

（4）绝缘分流线接头安装应垂直。

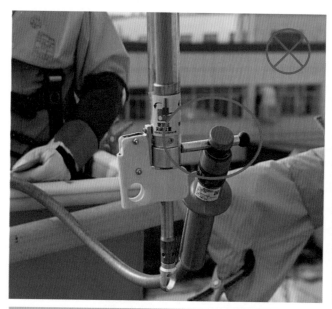

绝缘分流线接头安装倾斜

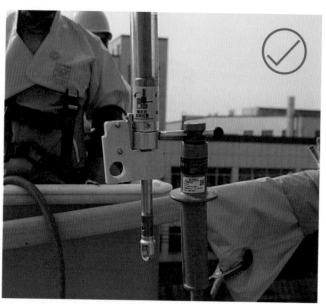

绝缘分流线自然垂直安装

（5）消弧开关回路两侧连接相位正确。

相位接错

相位连接正确